Imagen duplicada de la luna

Peter D. Geldart

Miembro del RASC

Traducido del inglés por Google Translate

Imagen duplicada de la luna
2.ª edición
Peter D. Geldart
miembro del RASC
geldartp@gmail.com

Traducido del inglés por Google Translate

aprox. 3600 palabras
32 páginas
10 x 15 cm

Arial 8
Courier New 14, 18
Times New Roman 10, 11

2025

Petra Books
MBO Coworking
78 George Street, Suite 204
Ottawa, ON K1N 5W1, Canadá

Portada: Cubrir: Esta secuencia de fotos muestra una salida
de la luna distorsionada y ardiente sobre el Parque Estatal
Two Lights, Cape Elizabeth, Maine, la tarde del 27 de enero
de 2013. Fotógrafo: John Stetson. Autores del resumen:
John Stetson y Jim Foster. Usado con autorización.
https://epod.usra.edu/blog/2013/02/omega-moon-over-cape-
elizabeth-maine.html.

Publicado por primera vez, en parte, en The Strolling
Astronomer, vol. 67, n.º 11. 2, pág. 73, 2025, revista de la
Asociación de Observadores Lunares y Planetarios.

Resumen

Se examina la causa de la imagen inferior observada en el horizonte durante la puesta/salida de la Luna/Sol. Se observaron puestas lunares en un horizonte de agua que mostraban una imagen duplicada debajo. Esto se conoce como efecto del Vaso Etrusco o efecto Omega debido a su forma. Un modelo de refracción sugiere que la luz de la luna geométrica, más allá del horizonte, atraviesa capas de aire de diferente temperatura y densidad para desviarse hacia el observador. Sin embargo, esto no es suficiente para explicar la imagen inferior ascendente, que es robusta y no un espejismo. El autor considera hasta qué punto la refracción, la reflexión o la gravitación influyen en su aparición.

Nota del editor: Para investigar este fenómeno, es mucho más adecuado observar la Luna que el Sol, ya que se pueden apreciar más detalles y el descenso de la Luna es ligeramente más lento debido a su órbita hacia el este. Se debe tener cuidado y usar una filtración adecuada al observar el Sol, ya que de lo contrario podrían producirse daños oculares permanentes.

Geldart

Al estar parado al borde de una extensa vista de agua o terreno llano, la distancia hasta el horizonte es de aproximadamente 5 km. [1]. La claridad de las estrellas y los planetas se reduce en el horizonte y parecen más altos de lo que realmente están debido a que su luz se ha refractado desde el otro lado. Esto también aplica a la Luna y el Sol, que además pueden aparecer aplanados, con un cambio cromático hacia longitudes de onda más largas (naranja-rojo) debido a que las longitudes de onda más cortas se han dispersado al atravesar la luz más atmósfera que desde el cenit o a una altitud moderada. A menudo, si las condiciones son despejadas sobre extensas masas de agua y el punto de observación está cerca de la superficie, justo cuando la Luna o el Sol se acercan al horizonte, aparece un borde distintivo y robusto que se eleva como un reflejo, y las imágenes se fusionan. Describo mis observaciones y propongo que la refracción atmosférica por sí sola no es una explicación suficiente.

---

1 Una de las muchas referencias sobre el cálculo de la distancia al horizonte es de Mathew Conroy. https://sites.math.washington.edu/~conroy/m120-general/horizon.pdf

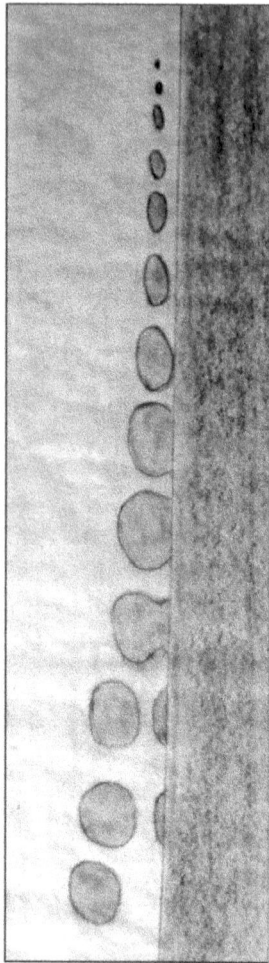

Figura 1. Una luna gibosa desciende sobre el lago Ontario mientras una imagen se eleva por debajo. Los mismos mares se observan extendiéndose verticalmente en ambas imágenes (la Luna es la inferior), mientras que los discos se fusionan y disminuyen hasta cero sobre el horizonte. La luna, a la altura de los ojos (sentada), se encuentra aproximadamente a 1 m sobre el agua, mirando al suroeste desde el condado de Prince Edward, Ontario, Canadá, a las 5:00 a. m. (hora local) del 19 de septiembre de 2021. Secuencia temporal compuesta del autor (el movimiento es vertical, no horizontal, poco después de observarla con binoculares.

Observaciones

En muchas ocasiones observé la puesta de la luna gibosa sobre un gran lago, ideal para observar el horizonte, ya que no hay oleaje ni olas pronunciadas como las que habría en el océano. Esto me permitió observar una imagen duplicada que ascendía desde abajo. Esta "luna" duplicada tiene dimensiones y color similares a la Luna de arriba, y asciende al mismo ritmo que la Luna desciende (aproximadamente su anchura en dos minutos, vista desde mi latitud de 44° N). La imagen inferior[2] Es el borde inferior invertido de la Luna geométrica real, más allá del horizonte. Esto se evidencia por el hecho de que los mismos mares en la parte inferior de la Luna también se encuentran en el borde inferior. Si mi vista, sentado, se sitúa a aproximadamente 1 m sobre el agua, en un instante las imágenes se fusionan y un óvalo disminuye de tamaño y se desvanece en una línea a unos 5 minutos de arco sobre el horizonte (Figura 1).

---

2 La frase "imagen inferior" se refiere a una imagen debajo de una "imagen superior", en este caso la imagen superior es la Luna entera justo encima del horizonte.

Al observar desde una posición de pie, con los ojos a unos 2 m sobre el agua, también se puede ver una imagen inferior, pero el ángulo no es lo suficientemente bajo como para ver el horizonte fantasma elevado (aunque todavía hay una línea de pliegue donde las dos imágenes se encuentran inicialmente). La forma fusionada desciende por debajo del horizonte (Figura 2). En el caso anterior, con el nivel de los ojos a aproximadamente 1 m (el horizonte se encontraba entonces a unos 4 km de distancia1 - Figura 1), la forma fusionada se desvanece hasta cero en el horizonte fantasma, una imagen que otros observadores ligeramente más elevados no pueden ver.

En el Apéndice se incluye una lista de observaciones realizadas por otros, obtenidas de Internet, que muestran o no el efecto. No he encontrado casos sobre tierra, pero la ausencia de evidencia no implica ausencia de efecto. Esta ausencia de efecto sobre tierra puede deberse a que, al observar sobre tierra, la elevación de las irregularidades de la superficie a 5 km del horizonte es suficiente, incluso en terrenos muy llanos, para ocultar los primeros metros de atmósfera a través de los cuales la luz que

Figura 2. En esta composición se muestra una luna poniente con una imagen duplicada ascendente en el horizonte del lago Ontario. La imagen, de pie, se encuentra a unos 2 m sobre el agua, mirando al suroeste desde el condado de Prince Edward, Ontario, Canadá, a las 3:00 a. m. (hora local) del 10 de septiembre de 2019. (Boceto del autor realizado poco después de observar con binoculares).

produce la imagen inferior debe pasar.[3]

Sin embargo, al observar sobre aguas tranquilas y extensas, es posible apreciar el efecto debido a las pequeñas irregularidades de la superficie (por ejemplo, las olas). No obstante, a veces el efecto no se aprecia sobre el agua, ya sea porque las olas son demasiado grandes o porque la vista se realiza desde una perspectiva demasiado alta.

3 Young, A.T. (2005). Espejismos inferiores: un modelo mejorado, Óptica Aplicada, v. 54, n.º 4, p. B173. «Las más pequeñas desigualdades del terreno tienen una influencia muy apreciable en el fenómeno, al interceptar las trayectorias más bajas…», citando a J. B. Biot, «Recherches sur les réfractions extraordinaires qui ont lieu près de l'horizon». Garnery 1810.
https://pubmed.ncbi.nlm.nih.gov/25967823

¿Qué es la refracción?

A medida que disminuye la altitud hacia la superficie terrestre, la atmósfera se vuelve cada vez más densa debido a la presión de su peso (la temperatura también afecta inversamente a la densidad). A medida que la luz astronómica penetra en capas de aire de diferente densidad en un ángulo, su dirección y velocidad cambian. Según la Ley de Snell[4] Cuando la luz entra en aire más frío y denso, se ralentiza y se desvía hacia la perpendicular al límite entre las capas de aire, y cuando entra en aire más cálido y enrarecido, se mueve más rápido y se desvía. En estas situaciones, la luz se ha refractado.

---

4 Willebrord Snellius (1580-1626), astrónomo holandés cuyo trabajo en óptica fue anticipado por filósofos antiguos e influyó en Descartes, Fermat, Huygens, Maxwell y otros. La Ley de Snell define la relación entre el ángulo de incidencia y el ángulo de refracción al pasar la luz a través de diferentes medios.
https://en.wikipedia.org/wiki/Snell's_law

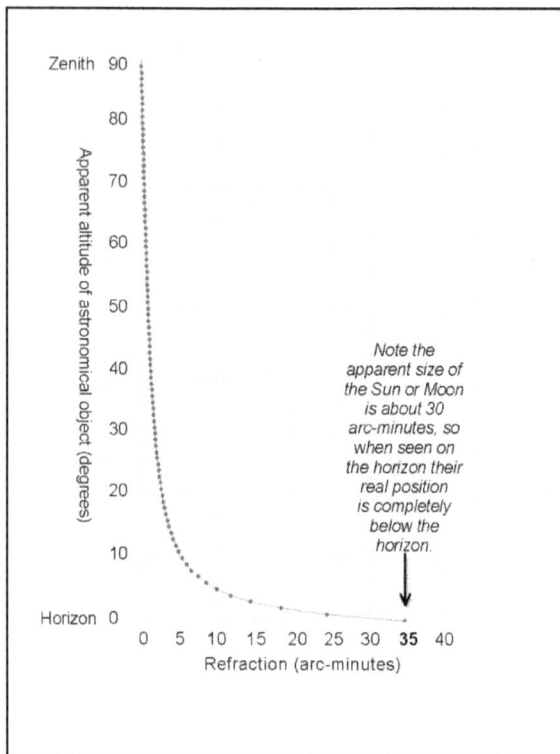

Figura 3. Gráfico que muestra el aumento de la refracción al disminuir la altitud, basado en el trabajo de Bennett, 1982 (https://en.wikipedia.org/wiki/Atmospheric_refraction) y McNish, 2007 (https://calgary.rasc.ca/horizon.htm). La presión atmosférica y la densidad presentan curvas similares. Diagrama del autor.

Cuando su mirada está hacia el horizonte, la luz astronómica pasa a través de más atmósfera y se aproxima a las capas de aire en un ángulo más plano que si viniera desde el cenit. [5] Y el efecto de la refracción se intensifica (Figura 3). Sin embargo, el fenómeno de la imagen inferior de la Luna o el Sol en el horizonte difiere de los espejismos brillantes que dependen de la disposición local de las capas de aire a diferente temperatura (normalmente aire frío sobre cálido, ya que la superficie terrestre calienta el aire adyacente, o, por el contrario, una inversión de aire cálido sobre frío). La luz procedente de distancias astronómicas, en cambio, atraviesa toda la atmósfera y se desvía hacia la superficie debido al aumento de densidad al disminuir la altitud, como describe Simanek:

---

5 La refracción atmosférica de la luz de una estrella es cero en el cenit, menos de 1′ (un minuto de arco) a 45° de altitud aparente y solo 5,3′ a 10° de altitud; aumenta rápidamente a medida que disminuye la altitud [y aumenta la densidad], alcanzando 9,9′ a 5° de altitud, 18,4′ a 2° de altitud y 35,4′ en el horizonte…
https://en.wikipedia.org/wiki/Atmospheric_refraction

Simanek (2021):

"La atmósfera actúa como una enorme lente que envuelve la Tierra. Esto nos permite ver alrededor de la curvatura terrestre. La causa de esta refracción es la disminución de la densidad atmosférica con el aumento de la altura… [y] es constante y omnipresente. No debe confundirse con el fenómeno óptico localizado y temporal debido a las inversiones de temperatura cerca del suelo."

https://dsimanek.vialattea.net/flat/round-spin.htm

y

McLinden (1999):

"Para la luz que se propaga a través de la atmósfera terrestre y pasa del aire de menor densidad al de mayor densidad, [entonces,] según la ley de Snell, la trayectoria que recorre la luz se desviará hacia la superficie."

https://www.nlc-bnc.ca/obj/s4/f2/dsk2/tape15/PQDD_0025/NQ33542.pdf#page=90 (página 71)

La Luna y el Sol en el horizonte son un caso especial porque, casualmente, vistos desde la Tierra, sus discos parecen tener el mismo tamaño (unos 30 minutos de arco).[6] , como es evidente durante un eclipse solar. También es una coincidencia que nuestra atmósfera tenga una densidad cerca de la superficie que da una refractividad de unos 35 minutos de arco. Por lo tanto, una imagen de 30 minutos de arco en el horizonte debe haberse refractado desde más allá del horizonte: cuando se ve la Luna en lo alto del cielo y a altitudes moderadas, esa es su verdadera posición, pero a medida que se acerca al horizonte, se produce un desplazamiento muy gradual hasta que en el horizonte se ve una imagen completamente refractada de la Luna geométrica real debajo del horizonte..[7]

---

6 La Tierra orbita el Sol (que tiene 1,4 millones de km de diámetro) a una distancia media de unos 150 millones de km; la Luna (3400 km de diámetro) orbita la Tierra a una distancia media de unos 384 000 km. Estas cifras indican que, vistos desde la Tierra, los discos de la Luna y el Sol parecen tener aproximadamente el mismo tamaño.

7 Una de las muchas presentaciones sobre refracción es https://britastro.org/node/17066 (Asociación Astronómica Británica).

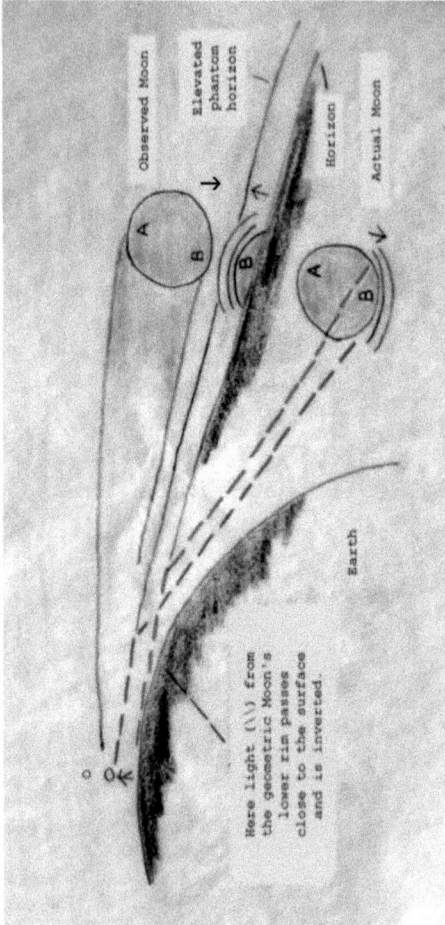

Figura 4. La luna poniente. La luz de la luna geométrica real, más allá del horizonte (abajo), genera tanto la Luna observada (arriba) como un borde inferior ascendente invertido. Sin escala. (Boceto del autor).

La imagen inferior

A continuación se presentan tres explicaciones alternativas para la apariencia de la imagen inferior.

(1) Refracción sobre el horizonte.

Es razonable afirmar que la imagen de la Luna justo por encima del horizonte se produce por la refracción de la luz de la Luna geométrica real más allá del horizonte, debido al aumento de la densidad atmosférica al disminuir la altitud. Luego, a medida que la Luna, fuera de la vista, se retrasa más hacia el oeste con respecto al horizonte (aunque ambas avanzan hacia el este),[8], La luz de su borde inferior (B en la Figura 4) pasa muy cerca de la superficie y se

---

8 Las palabras "salida de la luna" y "puesta de la luna" son figuras retóricas. La Tierra gira hacia el este a unos 1700 km/h (en el ecuador), tardando un día en completar una revolución; la Luna orbita la Tierra hacia el este a unos 3600 km/h (con respecto a la Tierra), desplazándose aproximadamente a su ancho (30 minutos de arco) en dos minutos contra las estrellas de fondo, como se ve desde nuestras latitudes medias, y tardando un mes en completar una órbita. El efecto neto es que la Luna se retrasa con respecto a la Tierra en su avance hacia el este unos 50 minutos al día y solo parece moverse en la dirección opuesta: salir por el este y ponerse por el oeste. En otras palabras, el horizonte de la Tierra está alcanzando y superando la imagen de la Luna.

invierte, apareciendo como si ascendiera por el horizonte (líneas discontinuas). El borde inferior asciende porque realiza la inversa de la Luna aparente, que desciende con respecto al horizonte.

Un modelo de refracción explica la Luna aparente de arriba, pero presenta deficiencias que explican la imagen inferior. Los rayos que atraviesan capas de aire de diferente temperatura cerca de la superficie brillarían como un espejismo, pero la imagen inferior es nítida y definida. La imagen inferior tampoco se distorsiona entre el horizonte y la línea de pliegue donde se encuentra con la Luna descendente, por lo que la refracción, que alcanza su máximo en el horizonte, no parece estar involucrada. Además, si una imagen inferior se ve siempre desde un punto de observación bajo sobre una gran extensión de agua con tiempo despejado, el efecto sería independiente de las capas de temperatura cercanas al observador y en el horizonte, que variarían en diferentes momentos y lugares.

(2) Reflexión en el agua más allá del horizonte.

Esta propuesta sobre la causa de la imagen inferior ascendente (ya que se comporta exactamente como un reflejo de la Luna descendente) podría comprobarse realizando observaciones separadas de la Luna poniente cerca del horizonte en condiciones despejadas sobre diferentes masas de agua que alcanzan la tierra a diferentes distancias más allá del horizonte. Si la tierra a cierta distancia (por ejemplo, 10 km) más allá del horizonte impide la aparición de la imagen inferior (se necesitarían varias observaciones para verificarlo), entonces es necesario que haya agua a esa distancia. Esto implicaría que, cuando se produce una imagen inferior sobre aguas abiertas, la luz de la Luna geométrica se refleja en el agua más allá del horizonte a esa distancia, y que la presencia de capas de aire a diferentes temperaturas no es relevante. Imaginemos que el horizonte fantasma en el que las imágenes se encuentran y luego desaparecen en la Figura 1 es una vista de la superficie del agua distante elevada por refracción.

También sería conveniente comprobar la situación sobre terreno llano con abundante agua más allá de la tierra y más allá del horizonte: si el efecto se produce, esto apoyaría la reflexión, ya que no hay efecto, presumiblemente, cuando la vista es solo sobre tierra. Sin embargo, esta propuesta de reflexión en general puede cuestionarse, ya que una imagen reflejada en el agua sería brillante e indistinta, mientras que la imagen inferior es consistentemente nítida. Por supuesto, cualquier observación del efecto sobre la tierra (sin agua) descarta la reflexión y refutaría esta teoría.

(3) El pozo gravitacional de la Tierra.

La luz de la Luna debe seguir la curva del espacio-tiempo terrestre, que se extiende desde mucho más allá de la Luna hasta el centro de la Tierra, por no mencionar el pozo gravitacional de la propia Luna, que está aquí entrelazado y llega al menos hasta el otro lado de la Tierra, como lo demuestran las mareas oceánicas. El valor de la atracción gravitacional en la Tierra es muy pequeño.[9, 10], Pero la hipótesis aquí es que la luz que pasa muy cerca de la superficie experimenta un mayor efecto, se curva con ella y se invierte, como se ve desde la perspectiva de un observador que también está cerca de la superficie (Figura 4).

¿Qué pruebas podrían idearse para respaldar esto?

Podríamos investigar la posición de una estrella, que puede ser diferente en diferentes momentos, siempre que se encuentren a la

---

9 En la superficie de la Tierra, la intensidad de la curvatura ["de espacio y tiempo"] es Gm/rc^2 ... ~ $10{-}9$ [0,000 000 001]. Este minúsculo valor es el ángulo de flexión (en radianes). Sanjoy Mahajan, Ingeniería Eléctrica y Ciencias de la Computación, Instituto Tecnológico de Massachusetts. https://web.mit.edu/6.055/old/S2009/notes/bending-of-light.pdf#page=6 (página 116).

10 El Sol tiene unas 300.000 veces la masa de la Tierra, lo que induce una curvatura espacio-temporal mucho mayor. El científico británico Eddington se propuso demostrar la hipótesis de Einstein de que la luz se curva alrededor de grandes masas. En 1919, sus equipos viajaron a dos lugares tropicales para observar un eclipse solar. Demostraron que existía una desviación en la posición de las estrellas del cúmulo de las Híades, muy cerca del borde solar, en comparación con su posición en un cielo nocturno oscuro. ctc.cam.ac.uk/news/190722_newsitem.php

misma baja altitud cerca del horizonte. Ciertamente, habría interferencia atmosférica, pero el propósito es medir cualquier desplazamiento debido al pozo gravitacional de la Tierra. En la práctica, esto significaría observar, desde cerca de la superficie sobre terreno llano, la posición de las estrellas en diferentes estaciones y en diferentes latitudes (ecuador, círculo polar ártico, etc.) para obtener diversas situaciones con aire frío sobre cálido y viceversa. Otro factor es la variación general de la temperatura de la atmósfera, que afecta la profundidad de la troposfera, que aumenta desde el suelo hasta unos 7 km en los polos (aire frío) y hasta 15 km en el ecuador (aire cálido). La posición observada de la estrella se compararía con su posición calculada, un cálculo que considera la hora, la época del año y la latitud, sin tener en cuenta la refracción.

Consideremos la posición de una estrella a una altitud elegida muy cerca del horizonte, por ejemplo, en una zona ártica en invierno, y la de cualquier otra estrella a la misma altitud en una zona tropical. Si las posiciones observadas de las estrellas se alteran en la misma medida con respecto a las calculadas en ambos casos, el efecto de las capas de aire con diferente temperatura no sería relevante para el desplazamiento adicional. También se podría descartar que la causa sea la refracción: la luz que se curva a través de la atmósfera hacia la superficie terrestre debido al aumento de la densidad al disminuir la altitud, ya que el cambio de densidad con la altitud sería diferente en condiciones árticas que ecuatoriales, lo que afectaría de forma distinta a la luz procedente del horizonte. Así que, si las posiciones de las estrellas que estamos examinando se alteran en el mismo grado en ambos casos, la posición alterada tendría que deberse a algo más que cambios en la temperatura o la densidad atmosférica (la tasa de disminución de la masa gravitacional), y ese factor podría ser la luz siguiendo la curva del pozo gravitacional de la Tierra.

Conclusión

He hablado de la puesta de la Luna o del Sol por el oeste, pero esto podría aplicarse igualmente a la salida de estos cuerpos por el este.

Para ser claros, los objetos astronómicos vistos hacia el cenit y a altitudes moderadas no se refractan debido al aumento de la densidad atmosférica al disminuir la altitud, ya que esta aumenta muy rápidamente (desde casi cero a 20 km de altitud hasta aproximadamente 1,2 kg/m³ a nivel del mar)..[11] Sin embargo, los objetos astronómicos como la Luna o el Sol, vistos a baja altitud y cerca del horizonte, se refractan y se proyectan desde más allá del horizonte (pero no se invierten). La imagen inferior invertida, que se observa ocasionalmente y que se eleva en el horizonte, no se refracta porque es demasiado estrecha como para verse afectada por la disminución de la densidad con la altitud. No obstante, es una imagen del borde de la luna geométrica proyectada desde más allá del horizonte. Es esta imagen inferior la que requiere una explicación.

---

11 en.wikipedia.org/wiki/International_Standard_Atmosphere

Con un modelo de refracción, cabría esperar que las imágenes en el horizonte fueran brillantes y similares a un espejismo debido al paso de la luz a través de capas de aire de diferente temperatura, pero esta no es la característica de la imagen inferior. La propuesta gravitacional alternativa permite una imagen inferior que (i) es más nítida y robusta que un espejismo, (ii) se presenta en muchas situaciones independientemente de las capas de temperatura locales y (iii) no se distorsiona en el horizonte, incluso con la alta refractividad en esa zona. La hipótesis es que, al observar el horizonte sobre una extensión de agua desde un punto estratégico cercano a la superficie, el observador percibe la luz proveniente del borde de la luna geométrica que ha pasado cerca de la superficie y que está invertida por la curvatura del espacio-tiempo alrededor de la Tierra, independientemente de la temperatura o densidad atmosférica. Dado que el fenómeno solo se observa desde un punto estratégico bajo, mirando hacia el horizonte sobre una superficie plana, también subraya la importancia de la perspectiva del observador.

El trabajo de campo mencionado anteriormente sería necesario para respaldar o rechazar las propuestas de reflexión y gravitación; en caso de que se descarten, sería necesario reconsiderar cómo la refracción puede producir una imagen inferior. Sea cual sea la explicación (refracción, reflexión, gravitación), la premisa básica sigue siendo válida:

(a) para cualquier observador a cualquier altura, la imagen de la Luna acercándose al horizonte se genera por la luz de la Luna geométrica, que se refracta a través de la atmósfera debido al aumento de densidad con la disminución de la altitud, y

. (b) para el observador cercano a la superficie que mira sobre una extensa masa de agua, también ve la Luna refractada, pero también puede ver una imagen inferior ascendente (invertida) producida por la luz del borde de la Luna geométrica, que ha seguido de cerca la curvatura de la superficie de la Tierra para alcanzar su posición.

Imagen duplicada de la luna

Apéndice

Observaciones realizadas por otros de la salida o puesta de la Luna o el Sol.

CON EL EFECTO DE IMAGEN INFERIOR

* Eclipse de Sol
Elias Chasiotis, diciembre de 2019
Catar
Eclipse excepcional durante el amanecer y la salida de la luna sobre el océano.
https://apod.nasa.gov/apod/ap191228.html

* Atardeceres
George Kaplan, agosto de 1999
Carolina del Norte, EE. UU.
Océano protegido (olas y oleajes menos pronunciados). Con comentarios de A.T. Young
https://aty.sdsu.edu/explain/simulations/inf-mir/Kaplan_photos.html

* Amanecer
Rob Bruner, noviembre de 2009
México. Sobre el océano
https://epod.usra.edu/blog/2009/12/omega-sunrise.html

* Amanecer
Luis Argerich, septiembre de 2011
Argentina. Sobre el océano
https://epod.usra.edu/blog/2011/11/omega-sunrise-from-buenos-aires.html

* Salida de la luna
John Stetson, enero de 2013
Maine, EE. UU. Sobre el océano
https://epod.usra.edu/blog/2013/02/omega-moon-over-cape-elizabeth-maine.html

* Puesta de la luna
Alex Berger, octubre de 2012
Manitoba, Canadá
Océano protegido (Bahía de Hudson), incluso con niebla.
https://flickr.com/photos/virtualwayfarer/8185226155

* Atardecer
Michael Myers, 2002
Cabo Hatteras, Carolina del Norte, EE. UU.
Sobre el estrecho de Pamlico
https://atoptics.co.uk/atoptics/sunmir2.htm

SIN EFECTO

* Salida de la luna
Alan Dyer, septiembre de 2020
Pradera de Alberta, Canadá
Las irregularidades en terreno llano oscurecen los primeros
metros de la atmósfera, donde se obtendría una imagen de
peor calidad.
https://vimeo.com/465032138

* Puesta de la luna
Vladimir Scheglov, abril de 2018
Tundra nevada del noreste de Rusia
Las irregularidades en terreno llano oscurecen los primeros
metros de la atmósfera, donde se obtendría una imagen de
peor calidad.
https://esplaobs.blogspot.com/2018/04/moon-and-wolf-
taken-by-vladimir.html

* Atardecer
XtU, diciembre de 2009
Sobre el agua. El autor también ha visto atardeceres de
color naranja intenso sobre el agua sin ningún efecto.
https://en.wikipedia.org/wiki/File:Sunset_Time_Lapse_31-12-
2009.ogv

Geldart

Nota: Las URL de este documento se verificaron en abril de 2025.

www.ingramcontent.com/pod-product-compliance
Lightning Source LLC
Chambersburg PA
CBHW052125030426

42335CB00025B/3120